DIE GASFLAMME ALS WERKZEUG UND MASCHINEN=ELEMENT.

VON

FRANZ SCHÄFER,

OBERINGENIEUR IN DESSAU.

MIT 30 ABBILDUNGEN UND EINEM ANHANG:

RICHTLINIEN FÜR DIE ANWENDUNG DES GASES ZUM HEIZEN.

VON DEMSELBEN VERFASSER.

MÜNCHEN UND BERLIN 1916
DRUCK UND VERLAG VON R. OLDENBOURG.

VORWORT

Dieses Büchlein will die Einbürgerung der brennbaren Gase, namentlich des Steinkohlengases, als Heizmittel in Gewerbe und Industrie dadurch fördern, daß es Inhaber, Betriebsleiter und Werkmeister einschlägiger Betriebe darauf hinweist, in wie wesentlich anderer Weise die Gasfeuerung, wenn sie mit Erfolg und Vorteil benutzt werden soll, angeordnet und zur Wirkung gebracht werden muß, als die Feuerung mit Kohle oder sonstigem festen Brennstoff, und wie eigenartige und wertvolle neue Einrichtungen und Geräte durch zielbewußte Ausnutzung der besonderen Eigenschaften und Fähigkeiten der Gasflamme geschaffen werden können.

Dessau, im Juli 1916.

FRANZ SCHÄFER
Oberingenieur.

Die Gasflamme als Werkzeug und Maschinen-Element.

(Vortrag, gehalten bei der Tagung der Göttinger Vereinigung zur Förderung der angewandten Physik und Mathematik in Dessau am 15. Mai 1914.)

Die Gastechnik — im engeren Sinn des Wortes, d. h. die Technik der brennbaren Gase — charakterisiert sich in zwiefacher Hinsicht als eine Veredelungstechnik: Die Gasbereitung gewinnt aus roher Kohle den veredelten, verfeinerten Brennstoff Gas, und die Gasverwendung veredelt und verfeinert den Vorgang der Verbrennung und damit die Benutzung des Feuers, dieses wesentlichen Elementes aller Kultur und unentbehrlichsten Hilfsmittels fast aller Zweige der Technik.

In einem Propagandaschriftchen einer amerikanischen Gasgesellschaft wird das aus Steinkohle gewonnene Gas „raffinierte Kohle" genannt, Kohle, befreit von allen Beimengungen, Mängeln und Unzuträglichkeiten des Naturprodukts, Kohle, die ohne Schmutz und Staub an die Verwendungsstelle gelangt, allda ohne Rauch und Ruß verbrennt und weder Asche noch Schlacke oder sonstige Rückstände hinterläßt; darum doch nicht mehr Kohle, sondern deren feines Quintelixier.

Aus der Reinheit dieses Edelbrennstoffs ergibt sich die Reinlichkeit seiner Verwendung; daneben werden ihm stetige Bereitschaft, sofortige volle Wirkung, leichteste und feinste Regulierbarkeit und hoher Wirkungsgrad nachgerühmt, und diese jetzt allgemein bekannten Vorteile und Annehmlichkeiten sind es in der Tat, die dem Gase, obwohl es als veredeltes Erzeugnis naturgemäß dem Heizwert nach stets teurer sein muß als rohe Kohle, trotzdem im Lauf der letzten zwei Jahrzehnte allenthalben ein weites und sich unaufhörlich erweiterndes Absatzgebiet als Wärmequelle in Küche und Haus erschlossen haben. Auch bei der Verwendung des Gases als Heizmittel in Gewerbe und Industrie fallen diese

Vorzüge selbstverständlich stets ins Gewicht. Daneben aber spielen
auch auf diesem Gebiete je länger je mehr noch **einige besondere
Eigenschaften der Gasflamme** eine gewichtige und immer häufiger
ausschlaggebende Rolle, Eigenschaften, die der Gasflamme Fähigkeiten geben, deren Erkenntnis und planmäßige Ausnutzung nicht
nur für viele Zweige der Technik Verbesserungen und Fort-
schritte ermöglicht und verwirklicht, sondern darüber hinaus
bereits mehrere ganz neue Techniken gezeitigt hat. Es handelt
sich dabei weniger um neue, sondern mehr um noch nicht allenthalben in ihrem vollen Wert erkannte und darum noch nicht nach
Gebühr ausgenutzte Eigenschaften und Fähigkeiten der Gasflamme.

In erster Linie kommt die **Formbeständigkeit** der Gasflamme,
namentlich der entleuchteten Flamme des Bunsenbrenners, und
hierbei wieder in besonderem Maße der mit Gas oder Luft unter
erhöhtem Druck gespeisten Intensivflamme, in Betracht. Aus einem
Brennerkopf von gegebener Abmessung, Form und Lage brennt
das Gas- und Luftgemisch bei gleichbleibendem Gaszufluß mit
einer in Gestalt, Größe und Richtung beständigen Flamme heraus.
Durch Veränderung des einen oder anderen Faktors hat man es
in der Hand, auch die Flamme selbst in weitgehendem Maße zu
verändern, und zwar kann man einerseits durch entsprechende Gestaltung des Brennerkopfes die einzelne Flamme in bestimmte
zweckdienliche Formen zwingen, z. B. nach Belieben lange Spitz-
flammen, kurze Flammenkegel oder Flammentulpen, breite Flam-
menscheiben, dünne Flammenschleier u. a. m. entstehen lassen,
andererseits durch Nebeneinanderreihen mehrerer oder vieler Brenneröffnungen bestimmte Flammenkombinationen, z. B. Flammen-
linien, Flammenkränze, Flammenbüschel oder Flammenbündel
schaffen. Aus der Formbeständigkeit der Gasflamme ergibt sich
also zunächst ihre eigene Formbarkeit, Bildsamkeit und
Schmiegsamkeit und dann die Zusammensetzbarkeit mehrerer
oder vieler Flammen zu fast beliebigen Flammengebilden. Der
praktischen Verwertung dieser nahezu unbegrenzten Formbarkeit
der Gasflamme kommt noch deren Unabhängigkeit vom Zug
eines Schornsteins zu statten; sie erlaubt die Anwendung von
Gasfeuer an Stellen und unter Verhältnissen, wo eine Beheizung
mit festen Brennstoffen völlig unmöglich wäre.

An zweiter Stelle ist die **Beweglichkeit** der Gasbrenner und
damit der Gasflammen zu nennen. Durch Gelenkbewegungen, Zug-
und Drehstopfbüchsen und namentlich durch Schläuche aus Gummi
oder Metall kann man bekanntlich Gasbrenner jeder Art und Größe

drehbar, schwenkbar, verschiebbar und schließlich nach allen Richtungen hin beweglich machen. Dadurch gewinnt man die Möglichkeit, Gasheizflammen von Hand oder durch zwangläufige mechanische Vorkehrungen nach Belieben oder Bedarf nah oder minder nah an die zu erhitzende Stelle eines Werkstückes heranzubringen, dieses bald von der einen, bald von der andern Seite durch die Flamme angreifen zu lassen oder eine Fläche in beliebiger Weise, scharf aufprallend oder gelinde streichend, mit ihr zu bearbeiten. Auch hierbei ist die rußfreie Verbrennung des Gases, unabhängig von der Hilfe eines ziehenden Schornsteins, von Wichtigkeit.

Eine weitere wertvolle besondere Eigenschaft der Gasflamme ist die **Möglichkeit selbsttätiger An- und Abstellung** durch irgendeine ein Absperrorgan öffnende oder schließende Einrichtung, z. B. durch steuernde Nocken oder durch mechanische, hydraulische, pneumatische oder elektromagnetische Schaltwerke, zuweilen auch durch ein Uhrwerk. Voraussetzung für die Ausnutzung dieser Fähigkeit des Gasfeuers ist das Vorhandensein einer ständig brennenden kleinen Zündflamme oder einer sonstigen Zündvorrichtung an geeigneter Stelle.

Schließlich ist noch die **Möglichkeit selbsttätiger Einstellung** der Gasflamme auf eine bestimmte Wärmeentwicklung oder einen bestimmten Hitzegrad zu erwähnen, die durch Einbau eines mehr oder minder empfindlichen, von einem Ausdehnungskörper beeinflußten Regulierventils in die zum Brenner führende Gasleitung bewirkt werden kann.

Diese vier bei festen Brennstoffen gar nicht und bei flüssigen nur in beschränktem Maße gegebenen Möglichkeiten sind nun sowohl einzeln, wie namentlich vereinigt für die vorteilhafte Verwendung des Gasfeuers in Gewerbe und Industrie von großer Bedeutung und Wichtigkeit. Nur wo man sich ihrer ausgiebigst bedient, erzielt man den vollen technischen und wirtschaftlichen Nutzen der Gasfeuerung. Es mag selbstverständlich erscheinen, daß dies allenthalben schon längst geschähe; diese Annahme trifft aber nicht zu, vielmehr finden sich noch immer in vielen Zweigen von Gewerbe und Industrie, teils infolge mangelnder besserer Kenntnis, teils infolge eines gewissen Trägheitsmomentes, Feuerstätten, bei denen in höchst primitiver Weise nur einfach ein Gasbrenner in einen früher mit Kohle oder sonstigem festen Brennstoff geheizten Ofenraum hineingebaut ist, und erst in jüngster Zeit mehren sich die Beispiele rationellerer Anwendung des gasförmigen Brennstoffs, an denen man das Bestreben erkennen kann, dessen Eigenheiten und Fähigkeiten voll auszuwerten.

Da die Bildsamkeit und Schmiegsamkeit und die Rauch- und Rußfreiheit der Gasflamme es gestattet, sie unmittelbar an das zu erhitzende Werkstück heranzubringen und zwar in solcher Form und Wirkungsweise, daß nur gerade die zu erwärmende Stelle von ihr getroffen und beeinflußt wird, und da sie zusammen mit der Formbeständigkeit der Flamme deren stets gleichbleibende innigste Anschmiegung nicht nur an einfache, sondern auch an verwickelt gestaltete Körper ermöglicht;

da ferner die Beweglichkeit der Brenner es erlaubt, die Flamme an das ruhende Werkstück heranzuführen und dieses damit zu bearbeiten, statt es selbst in ein Schmiedefeuer oder einen Ofen hineinstecken und darin mehr als nötig erhitzen zu müssen;

und da schließlich die selbsttätige An- und Abstellbarkeit der Gasbrenner es zuläßt, die Flamme stets nur im gegebenen Augenblick und nur für die gewünschte Zeitdauer auftreten und wirken zu lassen,

so kann man die Gasflamme in vielen Fällen **mit einem Werkzeug oder Arbeitsgerät zusammenbauen** oder sie wie irgendein anderes wirkendes Glied oder Maschinenelement **in eine Arbeitsmaschine hineinbauen,** sie schließlich sogar geradezu **selbst zum Werkzeug werden lassen** und erzielt dadurch nicht nur eine viel unmittelbarere, schnellere und leichter zu beobachtende und zu beherrschende Wirkung, sondern auch eine viel weitergehende Ausnutzung, d. h. sparsameren Verbrauch des veredelten Brennstoffs und damit unter Umständen auch wirtschaftliche Vorteile gegenüber der Verwendung an und für sich billigerer fester Brennstoffe.

Das Wort „Flammenwerkzeug" ist jünger, als die Sache. Denn man hat für einige Zwecke schon vor geraumer Zeit Gasflammen als Werkzeuge ausgebildet und benutzt. Die Glasbläser z. B. bearbeiten schon seit Jahrzehnten Hohlgläser mit schneidenden, bohrenden und glättenden Gasflammen auf ganz ähnliche Weise, wie der Drechsler das Holz mit dem Geißfuß und dem Löffelbohrer oder der Töpfer den Ton mit dem Modellierholz bearbeitet; sie sprechen sogar manchenorts nicht nur von Stichflammen, sondern von „Flammensticheln". In der Textilindustrie benutzt man schon Jahrzehnte lang „Scherflammen" zum Entfernen der feinen Fasern von Geweben. Der Archäolog bedient sich schon seit Schliemanns Tagen des „Flammenpinsels", eines zentimeterlangen, millimeterdünnen Flämmchens zur Ablösung der Paraffinhaut, welche vergraben gewesenen Holz- und Beinschnitzereien am Fundort gegeben wird, um den Zerfall auf dem Transport

zu verhüten. Die „Schneidbrenner" hingegen, womit der neuzeit-
liche Schlosser Walzeisen und dicke Bleche leichter und schneller
zerteilt, als mit dem Kreuzmeißel oder der Kaltsäge, sind ebenso
wie die schon so viel-
gestaltig ausgebilde-
ten Brenner für
autogene Schwei-
ßung Errungen-
schaften der jüng-
sten Zeit, und erst
mit ihnen ist auch
das Wort „Flam-
menwerkzeug" auf-
gekommen. Vorher

Fig. 1. Gaslötofen mit zwei Feuern.

hatte man für einige zu dieser Klasse von Geräten gehörende Gasbrenner Bezeichnungen aus dem Waffenwesen entlehnt und z. B.
von Lötpistolen und sogar von Lötkanonen gesprochen.

Das Arbeitsfeld dieser Geräte mit den kriegerischen Namen,
die Technik des Lötens, bietet treffliche Gelegenheit, an einer
Reihenfolge von Bildern zu zeigen, wie aus unbeholfenen Anfängen
heraus nach und nach durch Ausnutzung der besonderen Fähigkeiten der Gasflamme immer bessere Formen entwickelt wurden und
wie die Gasflamme
aus einem bloßen Er-
satzmittel für glühende
Holzkohle allmählich
selbst zum Werkzeug
und schließlich zum
Maschinenelement ge-
staltet wurde. Der Löt-
ofen des Bauklemp-
ners, der runde oder
viereckige Säulen-
stumpf mit einer oder
mehreren seitlichen
Herdluken zum Ein-

Fig. 2. Gaslötofen mit selbsttätiger An- und Abstellung
der Hauptflamme.

schieben der Lötkolben in die Glut, hat dem ersten Gaslötofen
als Vorbild gedient. Man hat zunächst weiter nichts getan, als
zum Ersatz für die unregelmäßig brennende Holzkohle einen Bunsenbrenner in einen solchen Ofen hineingebaut (Abb. 1) und hat
diesen Gaslötofen genau so zur intermittierenden oder abwech-
selnden Erhitzung eines oder zweier Lötkolben benutzt, wie das

Holzkohlenöfchen. Natürlich brannte in ihm die Flamme stets gleichmäßig fort, einerlei, ob ein Kolben auflag oder nicht, und es wurde daher unter Umständen sehr viel Gas nutzlos verbrannt.

Fig. 3. Gaslötofen mit selbsttätiger An- und Abstellung der Heizflamme.

Einen Schritt vorwärts bedeuteten daher die Gaslötofen mit selbsttätiger An- und Abstellung der Flamme (Abb. 2 u. 3), bei denen durch eine vom Eigengewicht des Lötkolbens niedergedrückte Wippe ein Ventil oder sonstiges Absperrorgan für den Hauptbrenner geöffnet, beim Abnehmen des Kolbens aber durch ein Gegengewicht oder eine Feder geschlossen wird und ein kleines Dauerflämmchen oder neuerdings wohl auch ein Reibfunkenzünder als Zündmittel dient. Bei diesen Formen ist die Brennstoffverschwendung während der Betriebspausen vermieden, sind aber die mit der aussetzenden Erhitzung der Lötkolben verbundenen Nachteile noch beibehalten. Daher stellt der Lötkolben mit angebautem Niederdruckgasbrenner und Gaszuführung durch einen Schlauch und mit als Mischrohr ausgestaltetem hohlem Griff (Abb. 4) einen weiteren Fortschritt, den Übergang zum Flammenwerkzeug, dar. Bei ihm entfällt der Wechsel von Erhitzung und Abkühlung, sowie die Notwendigkeit, den Kolben in kurzen Zeitabständen ins Feuer zu bringen und wieder herauszuholen. Ein solcher Kolben gestattet vielmehr un-

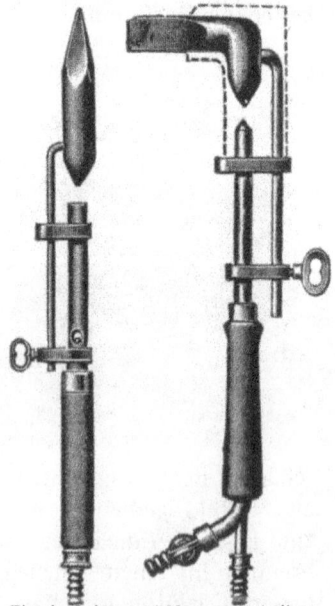

Fig. 4. Spitz- und Hammerlötkolben mit angebautem Bunsenbrenner.

unterbrochenes Arbeiten bei dauernd gleichbleibendem oder durch einen vor dem Schlaucheingang angebrachten Hahn in weiten Grenzen beliebig veränderlichem Wärmezustand. Wo die mit dem gewöhnlichen Bunsenbrenner erreichbaren Wärmegrade nicht mehr genügen, zugleich aber auch zur Erzielung eines noch höheren Nutzeffekts bedient man sich der Lötkolben mit Preßgas- oder Preßluftintensivbrennern, die bei Preßluftzufuhr zunächst mit zwei Schläuchen arbeiteten (Abb. 5), neuerdings aber auch mit nur einem Schlauch und vorgeschalteter Mischdüse geliefert werden (Abb. 6 u. 7). Diese vor kurzer Zeit von der Pharos-Abteilung der

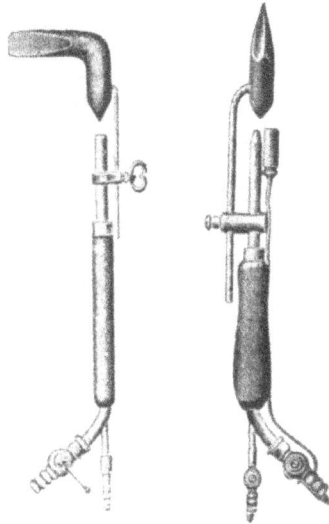

Fig. 5. Gaslötkolben mit angebautem Preßluftbrenner.

Deutsche Gasglühlicht-Aktiengesellschaft in Berlin herausgebrachte Form dürfte in bezug auf leichte Handhabung und sparsamen Gasverbrauch den Gipfel des Erreichbaren darstellen.

Wie solche Lötkolben mit an- oder eingebautem Gasbrenner handwerksmäßig gebraucht werden, zeigt Abb. 8 (Her-

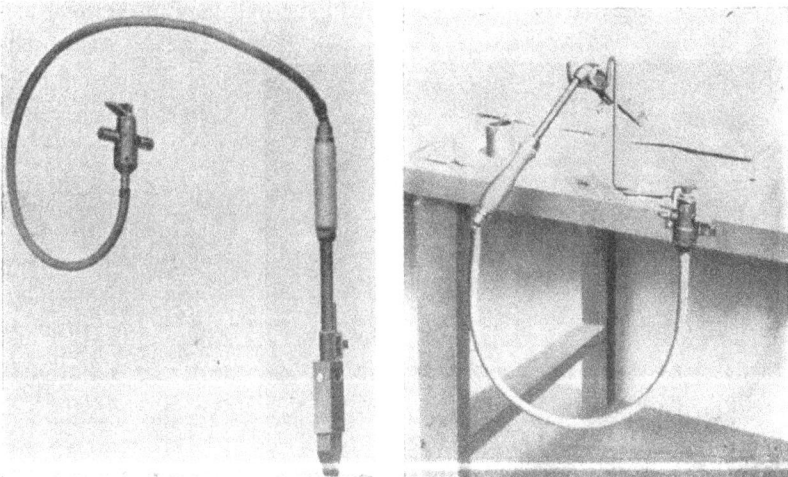

Fig. 6 und 7.
Preßluft-Gaslötkolben mit Mischhahn und einem Schlauch.

Fig. 8. Arbeit mit einem Preßluft-Gaslötkolben.

stellung mit Zinkblech aus-
geschlagener Holzkisten für
Überseeversand).

Zur Herstellung von Hart-
lötungen ist der Kolben mit
angebautem Brenner nicht
ausreichend; dafür muß die
Flamme selbst zum Werkzeug
werden in Gestalt des Löt-
rohres oder der Lötpistole
mit Preßgas- oder Nieder-
druckgas- und Preßluftbetrieb
(Abb. 9). Dieses altbekannte
Gerät hat im letzten Jahr-
zehnt eine sehr gründliche
und vielgestaltige Ausbildung
erfahren und steht nunmehr
in zahlreichen Größen, vom

Zwergbrenner mit kaum zentimeterlangem nadelfeinen Flämmchen
bis zur Lötkanone mit $1^1{}_2$ m langer, wie Sturmwind brausender
Flamme, zur Verfügung. Auch wird es als einzelnes Werkzeug
handwerksmäßig benutzt, namentlich zu sehr feinen und schwie-
rigen Lötungen, z. B. an Ankern von Elektromotoren und Elek-
trizitätszählern, bei der Herstellung von Kühlern für Automobile,
Luftschiffe und Flugzeuge u. a. m. Wo es sich aber um Massen-
fabrikation gleichartiger größerer Stücke handelt, ist man schon dazu

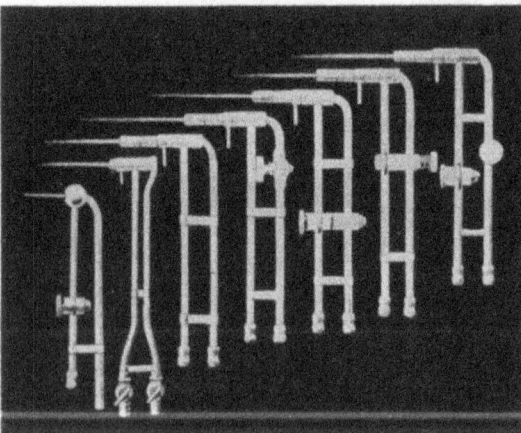

Fig. 9. Gaslötpistolen.

übergegangen, meh-
rere oder viele Löt-
pistolen zu einem
starren Gebilde,
einer Art Lötge-
schränke zusam-
menzubauen, in wel-
ches die Werkstücke
zwischen Anschläge
von Hand eingesetzt
werden (Abb. 10,
Lötfeuer für Fahr-
radrahmen) oder gar
Lötflammen an
bestimmten Stel-
len oder beweg-

lich in große, verwickelte selbsttätige Maschinen einzubauen. Abb. 11 zeigt eine solche Maschine, die aus Blechzuschnitten, die ihr zugeführt werden, ohne irgendwelches Zutun von Menschenhand Konservenbüchsen zurechtbiegt, zusammenfälzt und verlötet, und zwar mit einer Leistungsfähigkeit von 4000—5000 Stück in der Stunde. Das Lötmetall wird diesen Maschinen in Form von Draht oder schmalen Streifen zugeführt. Es gibt ähnliche Maschinen zum Zulöten gefüllter Büchsen, mit 12, 15 und noch mehr nacheinander in Funktion tretenden beweglichen Lötflammen.

Dem Löten nahe verwandt ist das autogene Schweißen. Das dazu benutzte Flammenwerkzeug, der Schweißbrenner, eine Art Löt-

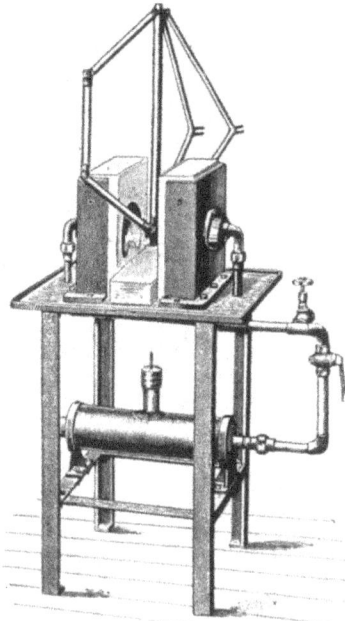

Fig. 10. Lötgeschränk für Fahrradrahmen.

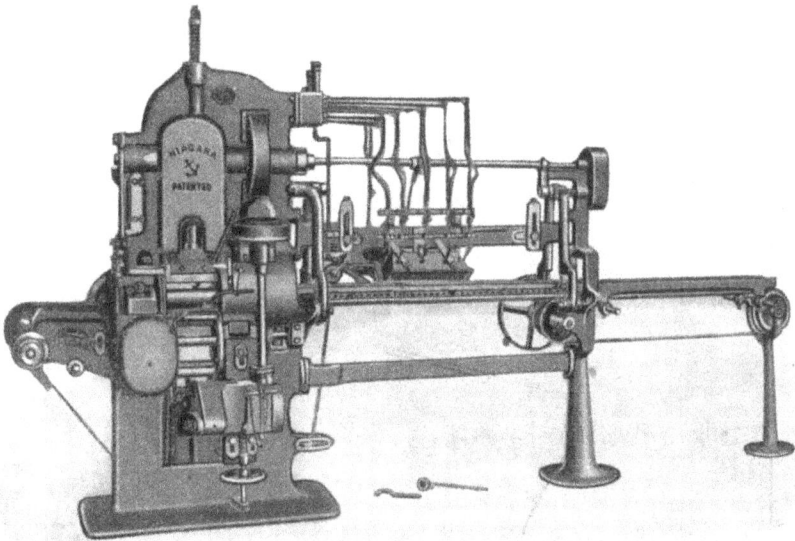

Fig. 11. Maschine zur Herstellung von Konservenbüchsen. Mit eingebauten beweglichen Lötflammen.

Fig. 12. Gasschweißbrenner im Gebrauch.

pistole, betrieben mit Azetylen-
oder Wasserstoffgas[1]) und Preßluft oder Sauerstoff, ist bekanntlich in kurzer Zeit zu sehr
großer praktischer Bedeutung
gelangt.   Auch er wird, wie
Abb. 12 zeigt, zunächst handwerksmäßig benutzt, wie irgendein anderes Werkzeug in
der Hand eines geschickten Ar-
beiters.   Neuerdings aber ist
die Firma Hinrichs & Stroh-
meyer, G. m. b. H. in Düs-
seldorf,   dazu   übergegangen,
Schweißbrenner verschiedener
Art und Größe in Arbeits-
maschinen   zur   Herstellung
gleichartiger Massenerzeugnisse
beweglich einzubauen.   Die
Abb. 13, 14 u. 15 zeigen einige solche Maschinen zum Schweißen

¹) Für leichtere Arbeiten auch immer mehr mit Steinkohlengas, wozu u. a.
die Firmen Keller & Knappich in Augsburg, Eugen Zinser in Ebersbach
a. d. Fils und Heime & Hans Herzfeld in Halle a. S. geeignete Brennerkonstruk-
tionen herausgebracht haben.

Fig. 13. Röhrenschweißmaschine für kleine Kaliber.

Fig. 14. Röhrenschweißmaschine für mittlere Kaliber.

von Röhren, Abb. 16 eine Spezialmaschine zur Herstellung geschweißter Milchkannen. Vorliegende Zeugnisse und Proben bestätigen, daß diese Maschinen ein gleichmäßigeres Erzeugnis liefern als die Handarbeit. Ähnliche Maschinen werden auch von Alex.

Fig. 15. Röhrenschweißmaschine für große Kaliber.

Fig. 16.   Schweißmaschine für Milchkannen.

Bastian in Hagen i. W., Paffrath & Göhring, G. m. b. H. in Offenbach a. M., und Messer&Co., G. m. b. H. in Frankfurt a. M., gebaut. Sie dienen zur Herstellung von eisernen Fässern, Blechschornsteinen u. dgl. und unterscheiden sich der Bauart und Wirkungsweise nach dadurch, daß entweder das bewegliche Werkstück am feststehenden Schweißbrenner vorbeigeführt oder der bewegliche Schweißbrenner über das fest eingespannte Werkstück hingeschoben wird. Man erzielt mit ihnen 35 bis 40 cm Schweißnaht in der Minute. Zum Schweißen unrunder Gegenstände sind Maschinen gebaut, bei denen die Führung der Brenner durch entsprechend gestaltete Kurvenscheiben erfolgt.

Auch der Schneidbrenner, bei dem das brennbare Gas (Azetylen, Wasserstoff oder — bei leichteren Arbeiten — auch Leuchtgas) nur zur Einleitung des Arbeitsvorgangs, zum Glühendmachen der Anfangsstelle des Schnittes, dient, während das Schneiden selbst — richtiger das Herausbrennen einer dünnen Metallschicht — durch Sauerstoff allein bewirkt wird, war zunächst nur ein Werkzeug (Abb. 17), ein Ersatz für die Säge. Aber auch er ist neuerdings zum Maschinenelement geworden und zwar in einer an die Laubsäge des Tischlers erinnernden Maschine zum Herstellen ornamental gelochter Bleche, also bis zu gewissem Grade eines Ersatzes für die Lochstanze.

Fig. 17.   Gasschneidbrenner im Gebrauch.

Der Flammenwerkzeuge, deren sich die Glasbläser bei der Herstellung von Thermometern, Aräometern, Geißlerschen Röhren, Kochflaschen, Christbaumschmuck und vieler anderer Dinge handwerksmäßig bedienen, ist oben schon Erwähnung getan. Ein neuerdings bei der Herstellung Dewarscher („Thermos-") Flaschen und elektrischer Glühlampen viel benutztes Flammenwerkzeug, das in seiner äußeren Form an eine Zange erinnert und auch ganz ähnlich wie eine Kneifzange benutzt wird, zeigt Abb. 18. Arbeitet dieses Gerät mit nur zwei gegeneinander gerichteten Stichflammen, so wirken an dem in Abb. 19 dargestellten „Kreuzfeuer" deren zwölf in zwei Bündeln gegeneinander auf die Metallfadenlampe ein, deren Fuß gequetscht werden soll. Bei diesem Maschinchen bearbeiten ruhende Flammen das zwischen Anschlägen von Hand einzusetzende Werkstück. In ähnlicher

Fig. 18. Flammenzange für Glasbearbeitung.

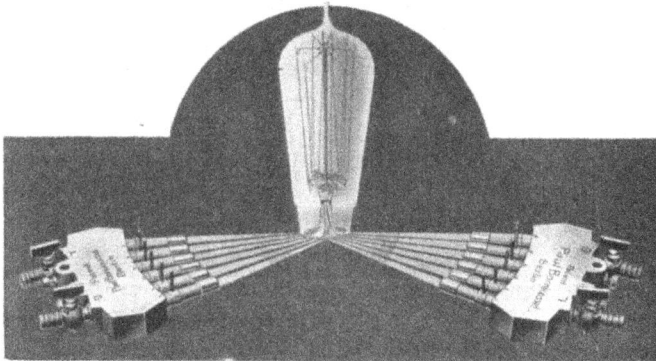

Weise kommt das in Abb. 20 dargestellte Maschinchen zur Herstellung von Lochbirnen für hängendes Gasglühlicht seiner Aufgabe nach; gegen eine feststehende, nadelscharfe, einer Stechahle vergleichbaren Flamme wird die zu lochende Glasbirne von oben heranbewegt. Eine in Glashütten vielverwendete größere Maschine zum Absprengen geblasener Glasgefäße, z. B. der beliebten dünnwan-

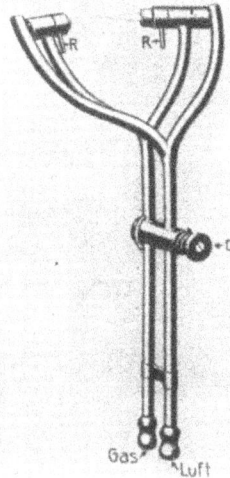

Fig. 19. Kreuzfeuer für Glühlampen-Fabrikation.

digen Bierbecher, Weingläser, Konservengläser, Blumenvasen u. a. m., zeigt Abb. 21. Die Gläser werden auf einen „Karussellstuhl" aufgesetzt und unter rascher Drehung um ihre eigene Achse zunächst gegen einen federnd gelagerten Anritzdiamanten und dann gegen eine feststehende messerscharfe Intensivflamme herangeführt, die sie glatt absprengt. Die abgebildete Maschine bewältigt 1000 bis 1200 Bierbecher in der Stunde. Ähnliche Maschinen dienen zum Verschmelzen der nach dem Absprengen scharf kantigen Ränder, sowie zum Einbrennen von Goldstreifen auf solche Gläser.

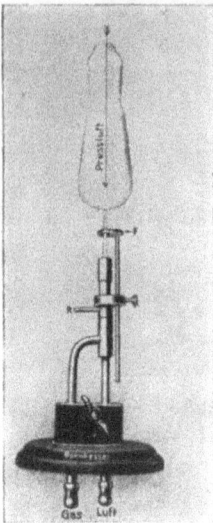

Fig. 20. Brenner zur Herstellung gelochter Glasbirnen.

In wie eleganter Weise die Textilindustrie sich der Gasflamme als Maschinenelement bedient, läßt die Darstellung einer Sengmaschine für doppeltbreites Tuch (Abb. 22) erkennen; hier sind nicht nur die zwei langen Scherflammen, sondern ist auch das Kapselwerkgebläse für die Pressung des Gases zwecks Erzielung einer sehr scharfen, schleierdünnen Flamme in die Maschine eingebaut. Abb. 23 zeigt eine Flämm- oder Sengmaschine für Garne. Die sehr kleinen Gasflämmchen befinden sich im Innern der oberhalb der Bobinen sichtbaren Blechröhren, durch welche die Garne mit einer Geschwindigkeit von etwa 3 m/Sek. hindurchgezogen werden.

In den Setzmaschinensaal einer großen Tageszeitung gibt Abb. 24 Einblick. Man sieht da zwei Reihen von Linotype-Setzmaschinen, dieser mit Schreibmaschinengeschwindigkeit Letternzeilen gießenden mechanischen Wunderwerke, an denen äußerlich nichts davon zu bemerken ist, daß sie für ihre Funktion von einer Anzahl in ihren Eingeweiden angebrachter Gasheizflammen abhängig sind. Abb. 25 zeigt das versteckt eingebaute Flammengebilde (Ausführung der Deutschen Gasglühlicht-Aktiengesellschaft); das Flammenbündel unten rechts dient zur Beheizung des Letterngut-Schmelztopfes, die einzelne Flamme darüber zum Erhitzen des Auslaufrohres, die durch einen zwischengebauten Hahn für sich allein abstellbare Flammenlinie links oben zum Warmhalten des Gießkastens. Bemerkenswert ist, daß man an diesen Maschinen neuerdings vielfach von der Möglichkeit automatischer Zündung durch Uhrwerk Gebrauch macht und durch eine Art Weckeruhr eine halbe Stunde vor Beginn der Arbeitszeit den Hauptbrenner entzünden läßt; auch daß man automatische Temperaturregler in die Maschinen einbaut, um schädliche Überhitzung des flüssigen Letterngutes und unnützen Gasverbrauch zu verhüten.

Fig. 21. Absprengmaschine für Bechergläser.

Als Beispiel dafür, daß die planmäßige Ausnutzung der besonderen Eigenschaften und Fähigkeiten der Gasflamme ganz neue Techniken von hohem Wert zu schaffen vermag, kann das Metallspritzverfahren von Schoop dienen, das sich als eine durch Einbau einer Gasflamme erweiterte Ausführungsform der altbekannten Flüssigkeitszersprühung mittels Preßluft kennzeichnet.

Vor einigen Jahren kam der Ingenieur M. U. Schoop in Zürich durch eine zufällige Beobachtung beim Schießen mit einem Kinderspielgewehr auf den Gedanken, schmelzflüssiges Metall durch eine Preßluftstreudüse so zu zerstäuben und auf Flächen aufzuspritzen, wie man seit langer Zeit Wasser oder Duftstoffe und seit etwa zwei Jahrzehnten Farbstoffe zerstäubt und aufträgt. Er benutzte dazu anfänglich ein ähnliches Flammengebilde, wie das in Abb. 25 dargestellte, um das zu zersprühende Metall zunächst in einem Tiegel zu schmelzen und durch einen geheizten Kanal bis zur Streu-

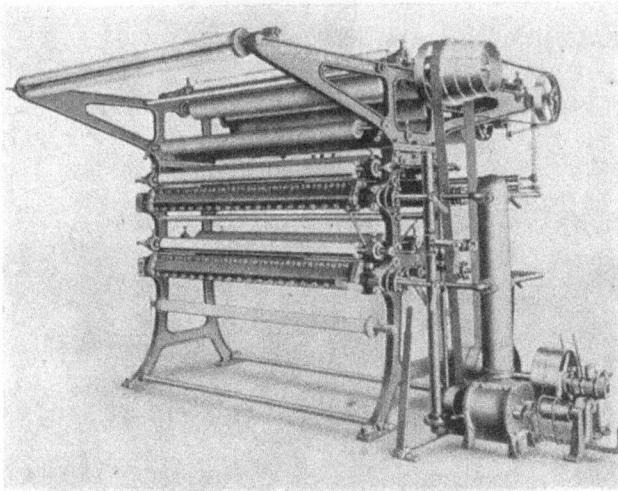

Fig. 22. Gas-Sengmaschine für doppeltbreites Tuch.

düse zu pressen; später zerstäubte er feinpulverisiertes Metall durch eine Knallgasflamme hindurch, und zuletzt kam er auf die einfachste Lösung, das zu verspritzende Metall in Drahtform mitten in die von einem Preßluftstrom umhüllte Flamme hineinzuführen und es im Moment der Schmelzung zu zersprühen, und schuf so mit der in Abb. 26 u. 27 dargestellten Metallspritzpistole ein eigenartiges neues Flammenwerkzeug oder, um im Bilde der Bezeichnung zu bleiben, eine Kugelspritze mit Atomkaliber. Das kleine, handliche Instrument (Abb. 28), das nur $1\frac{1}{2}$ kg wiegt, besteht aus einem mit Wasserstoff (gegebenenfalls auch mit Leuchtgas) und Sauerstoff gespeisten Knallgasbrenner, der ein Führungsröhrchen für den zu zerstäubenden Metalldraht M konzentrisch umschließt und selbst von einem als Preßluftweg dienenden Rohr ummantelt wird; ferner aus einer im Körper eingebauten Einrichtung zum Vorschieben des

Fig. 23. Gas-Sengmaschine für Garne.

Drahtes, bestehend aus einer kleinen Preßluftturbine T, zwei verlangsamenden Schneckengetrieben und einem Förderrädchen, und schließlich aus den hintereinanderliegenden und durch einen ge-

Fig. 24. Setzmaschinensaal für Zeitungsdruck.

meinsamen eingriffigen Hahn beeinflußten Eingangsstutzen für Brenngas, Sauerstoff und Preßluft. Die Wirkungsweise ist ohne weiteres verständlich: Der durch die kleine Turbine langsam vorgeschobene Draht wird beim Eintritt in die Knallgasflamme geschmolzen und schon im nächsten Augenblick durch den scharfen Preßluftstrom in Atome zersprüht, und der so entstehende Metallnebel wird auf eine ruhende Fläche gelenkt und darauf als dichter Überzug von beliebiger Dicke niedergeschlagen. Es ist im Grunde derselbe Vorgang, wie bei der Galvanoplastik, nur daß an Stelle elektrischer mechanische Energie und Verbrennungswärme zum Aufschleudern kleinster Metallpartikel verwendet wird.

Schoop hat also durch genial einfache Verbindung einer Gasflamme mit dem altbekannten Preßluftzerstäuber der Technik ein

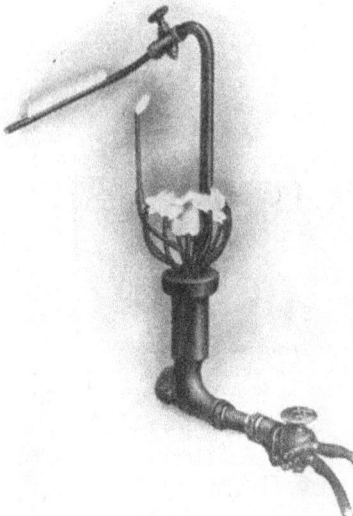

Fig. 25. Flammengebilde für eine Setzmaschine.

Ersatzverfahren für die Galvanostegie und die Galvanoplastik beschert, das dem älteren Verfahren nicht nur in allen Stücken gleichwertig, sondern sogar in mehrfacher Hinsicht weit überlegen ist; denn es arbeitet nicht nur wesentlich (20 bis 50 mal) schneller,

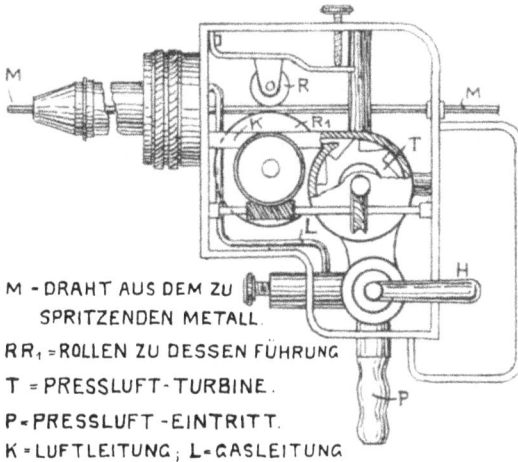

M – DRAHT AUS DEM ZU
    SPRITZENDEN METALL.
R R₁ = ROLLEN ZU DESSEN FÜHRUNG
T = PRESSLUFT-TURBINE.
P = PRESSLUFT-EINTRITT.
K = LUFTLEITUNG; L = GASLEITUNG

Fig. 26. Metallspritzpistole von Schoop.

sondern es gestattet auch, die Dicke des Niederschlags nach Belieben an einzelnen Stellen, z. B. Ecken und Kanten, zu verstärken und ermöglicht ferner nicht nur die Zerstäubung aller Metalle (z. B. auch des Aluminiums) und auch aller Metall-Legierungen

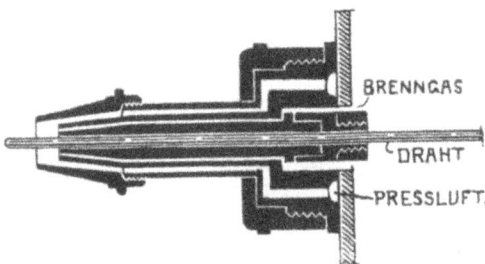

BRENNGAS
DRAHT
PRESSLUFT.

Fig. 27. Metallspritzpistole von Schoop. Mundstück.

(Messing, Tombak, Bronze, Deltametall usw.), sondern auch die Besprühung von Flächen aller Art, einerlei ob sie elektrisch leitend sind oder nicht, z. B. von Holz, Papier, Geweben, Gummi, Glas u. a. m. Es liefert außer festhaftenden auch ablösbare Überzüge, z. B. Druckbildstöcke nach Holzschnitten oder Strich- oder Tonätzungen mit derselben genauen Wiedergabe auch der feinsten

Einzelheiten, wie es die Galvanoplastik tut. Das Verfahren ist daher zu überaus vielen und verschiedenartigen Zwecken verwendbar.

Fig. 28. Metallspritzpistole von Schoop.

Diesem Schulbeispiel für die Schaffung eines ganz neuen technischen Verfahrens durch unmittelbarste Einschmiegung einer Gasflamme in ein sonst bekanntes Gerät könnte eine andere Einrichtung zur Seite gestellt werden, mit der ebenfalls durch direkten

Fig. 29. Drahtglühofen.

Einbau einer Gasflamme in eine altbekannte Vorrichtung ein neues technisches Erzeugnis gewonnen wird, nämlich emaillierter Draht. Leider ist aber die Erlaubnis zur Vorführung der Konstruktion in Bild und Wort nicht zu erlangen gewesen. Dagegen kann durch Abb. 29 eine Einrichtung gezeigt werden, vermittels welcher bei mit Koks geheizten Drahtglühöfen das Eintreten von Luft in das Innere des Ofens hintangehalten wird; es sind ganz einfach Gasflämmchen vor die Eintrittsöffnungen zur Glühkammer gesetzt, die Drähte nehmen daher anstatt Luft die sauerstofffreien Verbrennungsprodukte dieser Gasflämmchen mit in die Kammer hinein.

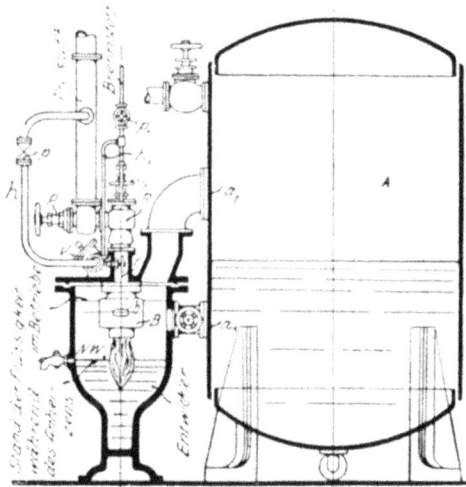

Fig. 30. Dampferzeuger mit Unterwasserfeuerung.

Das letzte Beispiel, das eine neue Lösung eines alten Problems betrifft, liegt eigentlich schon außerhalb des durch die Überschrift dieses Aufsatzes gegebenen Rahmens, soll aber deshalb noch erwähnt werden, weil es zeigt, daß die durch zwangläufige, genau bemessene Brennstoff- und Luftzufuhr ermöglichte volle Beherrschung einer Gasflamme deren unmittelbare Anwendung selbst inmitten von Flüssigkeiten zuläßt. Abb. 30 zeigt in senkrechtem Schnitt einen Dampferzeuger mit Unterwasserfeuerung, eine Erfindung des Ingenieurs O. Brünler, der schon im Jahre 1895 ein D. R. P. (Nr. 71304) auf eine Anordnung, eine Gasflamme unter Wasser brennen zu lassen, entnahm und vor einiger Zeit den mit der abgebildeten direktesten Innenfeuerung versehenen Eindampfkessel für Wolfram-Natronlauge in der Chemischen Fabrik von Wesenfeld, Dicke & Co. in Dahl bei Langerfeld (Westf.) mit bestem Erfolg dem Betrieb übergab und damit ein seit Mitte des vorigen Jahrhunderts heiß erstrebtes Ziel erreichte. Durch diesen unmittelbarsten Einbau der Flamme ins Innere des Dampfkessels, durch ihre Hineinsenkung in das zu verdampfende Wasser, hat Brünler den denkbar höchsten Nutzeffekt erzielt; seinem Verdampfer ist nicht nur völlige Rauch- und Rußfreiheit eigen, sondern es wird ihm auch ein außerordentlich geringer Raumbedarf nachgerühmt. Und dies alles durch eine im Grunde äußerst einfache, allerdings vom Herkömmlichen stark abweichende und die besonderen Eigenschaften und Fähigkeiten des gasförmigen Brennstoffes bewußt und geschickt ausnutzende Anordnung eines Gasbrenners!

Die hier vorgeführten eigenartigen Gestaltungen, Anordnungen und Anwendungen von Gasflammen entstammen zum weitaus größten Teil der kurzen Zeitspanne seit Beginn des zwanzigsten Jahrhunderts. Man darf sie daher wohl unbedenklich als die ersten Vorläufer einer großen Schar anderer, ähnlich unmittelbarer Ausnutzungen der Verbrennungswärme des Gases betrachten und die Zuversicht hegen, daß die Gasflamme als Werkzeug und Maschinenelement in der kommenden Zeit dem Gewerbe und der Industrie und damit der Wohlfahrt der Kulturnationen noch vielseitige und wertvolle Dienste leisten wird.

Richtlinien für die Anwendung des Gases zum Heizen.

(Sonderabdruck aus Band VIII von Dr. E. Schillings und Dr. H. Buntes »Handbuch der Gastechnik«, München und Berlin 1916, Druck und Verlag von R. Oldenbourg.)

a) Die verschiedenen Gasbrenner und ihre Eignung zu Heizzwecken.

Für die Verwendung der Gase als Wärmequellen stehen zwei grundsätzlich verschiedene Arten von Brennern zur Verfügung, nämlich — wenn man zunächst das Steinkohlengas in Betracht zieht — solche mit leuchtender und solche mit entleuchteter Flamme, oder, allgemein gesprochen, Brenner für unvermischtes und Brenner für luftverdünntes Gas. Bei der ersten Art kommt bis zur Flammenwurzel nur Gas allein und wird die zu dessen Verbrennung erforderliche Luft ausschließlich der Umgebung der Flamme selbst entnommen. Bei der zweiten Art — den Bunsenbrennern im engeren und weiteren Sinn des Wortes — wird das Gas schon mehr oder minder weit vor der Brennermündung mit einer mehr oder minder großen Menge atmosphärischer Luft vermischt, und zwar entweder durch seine eigene lebendige Kraft, womit es aus einem engen Strahlrohr, der Düse, in ein weiteres, mit Schlitzen oder sonstigen Öffnungen für den Zutritt anzusaugender Luft versehenes Rohr (Mischrohr oder Mischkammer) einströmt und die Luft nach Art einer Strahlpumpe ansaugt und mit sich fortreißt, oder durch Zuführung von Luft (oder reinem Sauerstoff) mittels fremder Kraft (Gebläse, Preßpumpe); aus der eigentlichen Brennermündung strömt daher bei diesen Brennern ein Gemisch von Gas und Luft, das zu seiner vollkommenen Verbrennung allerdings immer noch eine mehr oder minder große Luftmenge aus der Umgebung der Flamme braucht. Man spricht daher bei diesen Brennern von Primär- und Sekundärluft und versteht darunter die in der Mischkammer dem Gase zugesetzte bzw. die am

Brennerkopf zur Flamme tretende Luft. Wird auch die Sekundärluft zwangsweise zugeführt oder dem Gase die gesamte zur vollkommenen Verbrennung erforderliche Luft primär beigemischt und
zugleich durch Anwendung eines Brennerkopfes mit zahlreichen,
sehr engen Kanälen, z. B. den Poren eines feuerfesten, porösen
Körpers, dafür Sorge getragen, daß die Flamme nicht zurückschlagen
kann, so läßt sich die Verbrennung von Gasen auch unter Wasser
(Brünler, D.R.P. Nr. 71304) oder in stickgaserfüllten Räumen
vollziehen (Oberflächenverbrennung von Bone und Schna-
bel, D. R.P. 252369 bzw. 218998).

Je mehr primäre Luft man dem Gase beimischt, um so heißer
und kürzer wird die Flamme. Bei der Oberflächenverbrennung ver-
schwindet sie gänzlich, sobald das Gemisch die zur vollkommenen
Verbrennung erforderliche Luftmenge enthält (bei Leuchtgas rd. 5
bis 6 Raumteile Luft auf 1 Raumteil Gas). Die bei der Verbrennung freiwerdende Wärme ist jedoch — entgegen einer immer noch
da und dort gehegten Meinung — der Menge nach in allen Fällen
dieselbe; weder der Bunsenbrenner noch die flammenlose Feuer-
stätte entwickelt aus einer gegebenen Gasmenge mehr Wärmeein-
heiten als die leuchtende Flamme. Nur der Wärmegrad wird um
so höher, auf je kleinerem Raume die Verbrennung sich vollzieht.

Beide Klassen von Gasbrennern sind in überaus zahlreiche und
verschiedene Ausführungsformen gebracht worden.

Die Brenner mit leuchtender Flamme sind der Bauart
nach am einfachsten. Noch heute stellt man sie vielfach so her,
daß man ein eisernes Rohr am einen Ende verschließt und es in
gewissen Abständen mit feinen Bohrungen versieht, aus denen das
Gas in runden Strahlen austritt. Bei besserer Ausführung ersetzt
man die gebohrten Löcher durch eingeschraubte Schnitt- oder Zwei-
lochbrenner mit Specksteinköpfen. Diesen Brennern ist der Vorzug
eigen, in sehr weiten Grenzen regulierbar zu sein und nicht
zurückschlagen zu können; dagegen haben sie den Nachteil, zu
unvollständiger Verbrennung, unter Umständen sogar zum Rußen
zu neigen. Ihr Verwendungsgebiet ist daher auf diejenigen Fälle
beschränkt, wo die Flammen nicht unmittelbar an gutleitende,
kühle Flächen herankommen müssen, sondern wo ihre strahlende
Wärme oder die Wärme der Abgase ausgenutzt werden kann,
wo also nicht eine hohe Temperatur, sondern nur eine mäßige Er-
wärmung verlangt wird, wie z. B. bei der Zimmerheizung, Wasser-
erhitzung, in Trockenschränken u. dgl. Für Apparate, die selbsttätig in oder außer Betrieb gesetzt oder selbsttätig in weiten Grenzen geregelt werden sollen, wie Heißwasserautomaten oder Fern-

heizkessel, verwendet man deshalb vorwiegend Brenner mit leuchtenden Flammen. Auch für Wassergas und andere von schweren Kohlenwasserstoffen freie und daher rußlos verbrennende Gase eignen sich diese einfachen Brenner entweder ohne weiteres oder in besonderen Ausführungsformen.

Die Brenner mit entleuchteten Flammen (Bunsenbrenner) sind wegen ihrer Neigung zum Zurückschlagen nur bis zu einer gewissen Grenze (meist nicht unter 30% des Normalverbrauchs herab) kleinstellbar; dagegen ergeben sie bei richtiger Anordnung und Handhabung stets eine vollkommene, geruchlose und rußfreie Verbrennung auch dann, wenn die Flamme den zu erhitzenden festen Körper unmittelbar berührt. Deshalb verwendet man sie in all den Fällen, wo Gefäße, Geräte, Werkstücke usw. auf höhere Temperaturen gebracht werden sollen, also zum Kochen, Backen, Braten, Erhitzen von Plätten, Lötkolben, Tiegeln, Muffeln, Kesseln usw., zum Glühen von Metallen, Glas und vielen andern Stoffen. Die einfachste Ausführungsform ist die von Bunsen selbst angegebene mit einer Einlochdüse, aus der das Gas senkrecht nach oben in ein fingerlanges Rohr ausströmt, das unten in der Nähe der Düse einige Luftlöcher hat und an dessen offenem oberen Ende das Gas- und Luftgemisch angezündet wird und mit der charakteristischen blauen Flamme mit scharf begrenztem, blaugrünem inneren Kegel verbrennt. Wie viele Wandlungen diese einfache Urform im Laufe der Jahre für eine fast unübersehbare Fülle von Verwendungszwecken erfahren hat, kann hier nicht dargetan werden, geht aber zum Teil aus den dem vorausgeschickten Aufsatz beigegebenen Abbildungen hervor.

Es ist bemerkenswert, daß der geringe Druck von 25 bis 50 mm Wassersäule, womit das aus dem Rohrnetz kommende Gas der Düse entströmt, doch ausreicht, um die 1½fache, bei besonders sorgfältig gestalteten Mischröhren und Brennerköpfen (Denayrouze, Kern, Méker) sogar die 2½- bis 3fache Luftmenge anzusaugen, und daß mit solchen Niederdruckbrennern Flammentemperaturen von 1500° bis 1650° erzielt werden. Um noch höhere Hitzegrade zu erzielen, ist man dazu übergegangen, entweder das Gas unter erhöhtem Druck (meist 900 bis 1500 mm WS) ausströmen zu lassen (Preßgasbrenner) oder die Primärluft auf solchen Druck zu bringen und die Strahldüse damit zu betreiben (Preßluftbrenner) oder schließlich Gas und Luft in bestimmtem Verhältnis durch eine Pumpe ansaugen und gemischt fortdrücken zu lassen und im Brenner einen Strahl solchen Gemisches zum Ansaugen weiterer Luft aus der Atmosphäre zu benutzen (Selas-Apparat). All diesen

Intensivbrennern ist gemeinsam, daß sie die Aufstellung und den Betrieb einer Pumpe (am gebräuchlichsten sind Kapselwerke, doch werden auch Kolbenpumpen, Wasserstrahl- und Turbogebläse benutzt) für Gas, Luft oder Gemisch voraussetzen und daß sie Flammentemperaturen bis 1850° zu erreichen gestatten. Der Nutzeffekt ist, sofern die Brenner gleichgut durchgebildet sind, bei allen drei Arten derselbe; es können daher lediglich Gründe äußerer Art die Wahl des Systems bestimmen. Der völligen Ungefährlichkeit wegen dürften die Preßluftbrenner den Vorzug verdienen, zumal da neuerdings Formen durchgebildet worden sind, bei denen nur ein Teil der Primärluft unter Pressung zugeführt, der Rest aber durch die lebendige Kraft des Gemischstrahls eingesaugt wird, bei denen also die Preßluftleitung keine größere Lichtweite zu haben braucht als eine gleichwertige Preßgasleitung und bei denen für bewegliche Brenner ein einziger Schlauch genügt, indem die Einblasung der Preßluft im Endstück der festen Leitung kurz vor der Schlauchtülle erfolgt.[1])

Geeignet sind solche Intensivbrenner zu Heizzwecken überall da, wo eine sehr heiße, straffe Flamme notwendig oder doch zweckmäßig ist, z. B. zum Hartlöten, Schweißen, Glühen oder Schmelzen von Metallen, Blasen, Absprengen oder Verschmelzen von Glas, zum Einbrennen von Farben, Email usw. Sie haben ihres um 150 bis 200° höheren Temperaturgefälles wegen einen besseren Nutzeffekt als die Niederdruckbrenner, so daß es sich bei größeren oder zahlreichen Feuerstätten oft auch dann noch lohnt, die Anschaffungs- und Betriebskosten des Gebläses aufzuwenden, wenn der vom Betriebszweck verlangte Wärmegrad auch mit Niederdruckbrennern leicht erzielbar wäre. So verwenden große Buchdruckereien für die Beheizung der Bleikessel und Ausläufe an einer Mehrzahl von Setzmaschinen mit Vorteil Preßluft- oder Preßgasfeuerung, obwohl die Schmelzung des Letterngutes nicht mehr als 420° erfordert. Für eine einzelne Setzmaschine in einer kleinen Druckerei würde jedoch der Niederdruckbrenner trotz seines etwas höheren Gasverbrauchs wirtschaftlicher sein.

In besonderen Fällen führt man Intensivbrennern statt Preßluft Sauerstoff zu, namentlich bei Schneid- und Schweißbrennern, für die als Brennstoff mit Vorliebe Azetylengas oder auch Wasserstoffgas verwendet wird, und erzielt damit besonders scharfe und heiße Flammen.

Die „flammenlose" oder Oberflächenverbrennung, deren Wesen darin besteht, daß ein Gasluftgemisch von der zur vollstän-

---

[1]) Vgl. die Abbildungen 6 und 7, S. 7.

digen Verbrennung erforderlichen Zusammensetzung durch ein poröses, feuerfestes Diaphragma oder ein etwas durchlässiges, feuer- festes Gewebe oder eine lose Schüttung feuerfesten, körnigen Mate- rials gepreßt und darin verbrannt wird, gestattet oder vielmehr bringt von selbst die Erzielung noch höherer Wärmegrade als der Preßluft- oder Preßgasbrenner. Man kann bei geeigneter Gestal- tung und Zusammenstellung poröser Diaphragmen oder feuerfester Gewebe Temperaturen von 2000° und darüber leicht und in kurzer Zeit erreichen. Das Eigenartige solcher Feuerstätten besteht darin, daß die Verbrennung in einer sehr dünnen Schicht an der Ober- fläche der feuerfesten Körper und ohne Flamme, nur unter lebhaftem Erglühen der katalytisch wirkenden Sperrkörper, vor sich geht. Außer der eingangs erwähnten Entbehrlichkeit sekundärer Verbrennungsluft haben sie die günstige Eigenschaft, dem zu be- heizenden Gegenstand in noch höherem Grade angeschmiegt werden zu können als die so sehr bildsamen Preßgas- oder Preßluftflammen. Voraussichtlich werden sie daher überall da verwendet werden, wo diese Schmiegsamkeit und die hohe Temperatur von Vorteil oder ein höherer Nutzeffekt erzielbar ist.

b) Anordnung und Einbau der Gasbrenner.

Ist nach der im vorstehenden Abschnitt gegebenen Charakteri- stik der verschiedenen Brennertypen für einen bestimmten Zweck die eine oder andere Art als bestgeeignet erkannt, so ist in vielen Fällen, z. B. beim gewöhnlichen Bunsenbrenner für Laboratoriums- zwecke, die Art der Benutzung ohne weiteres gegeben und in allen Stücken geradezu selbstverständlich: Man bringt eben den Brenner so unter oder neben den zu beheizenden Gegenstand, daß die Flamme ihn richtig trifft und nach Bedarf bespült. In andern Fällen sind jedoch einige, auch mehr oder minder naheliegende, aber doch zum Schaden der Sache noch manchmal übersehene Regeln zu be- achten:

Zunächst und zuvörderst muß zu jedem Gasbrenner jederzeit Luft in ausreichender Menge frei zutreten kön- nen. Man darf einen Brenner, dem Gas unter gewöhnlichem oder erhöhtem Druck zuströmt, niemals derart in einen geschlossenen Ofenraum einbauen, daß der Luftzutritt vom Zug eines Schorn- steins abhängig ist, wie man dies bei Feuerungen für Kohle und andere feste Brennstoffe tut. Es müssen vielmehr an geeigneter Stelle der Ofenwandung so große Öffnungen für den Zutritt von Luft vorgesehen werden und stets voll offen bleiben, daß in dem Maße, wie die Flamme sie verbraucht, Luft genug frei nachströmen kann. Es ist mit dem Wesen des Gasfeuers unvereinbar, die Regelung der Hitze etwa so wie bei Kohlenfeuer durch Drosselung des Luftzutritts zum Verbrennungsraum bewirken zu wollen. Man darf dazu vielmehr nur die Gaszufuhr (und allenfalls, aber nur innerhalb enger Grenzen und womöglich in zwangläufiger Verbindung mit der Stellung des Gashahns, den Abzug der Verbrennungsprodukte) drosseln. Zu entleuchteten Brennern muß sowohl die primäre wie die sekundäre Luft frei zutreten können; die Öffnungen für beide Luftströme müssen daher gegen unbeabsichtigte, zufällige Verdeckung oder Verstopfung (etwa durch bewegliche Teile des Ofens oder durch abfallenden Zunder u. dgl.) gesichert angeordnet werden und sind unter Umständen auch noch besonders dagegen zu schützen, daß ihnen Verbrennungsprodukte zuströmen können.[1])

Sodann muß dafür gesorgt werden, daß die Verbrennungsprodukte jederzeit ungehemmten Abgang aus dem Ofenraum finden, wiederum unabhängig vom Zug eines Schornsteins. Es müssen also in der Wandung jedes Gasofengehäuses an geeigneter Stelle Öffnungen von ausreichendem Querschnitt so angebracht sein, daß den Abgasen der Austritt weder absichtlich noch zufällig versperrt werden kann, auch nicht durch eine etwaige Stauung in dem sie aufnehmenden Schornstein. Es wurde früher und wird leider auch heute noch viel zu oft nicht beachtet, daß der Schornstein bei Gasfeuer nicht dieselbe Aufgabe hat wie bei Kohlen- oder Holzfeuer, wo er die gesamte erforderliche Luft durch den Rost und die Brennstoffschicht hindurchsaugen und dann noch „Zug" genug haben muß, um auch den Rauch aus dem Ofenraum hinauszusaugen, während bei Gasfeuer vom Schornstein nicht mehr verlangt wird, ja nicht mehr verlangt werden darf, als daß er die mit eigener Kraft, ohne jeden Zug, aus dem Ofenraum gleichmäßig austretenden Abgase aufnehme und weiterleite. Selbst von geschulten Feuerungstechnikern ist dieser große Unterschied zwischen Gas- und Kohlenfeuerung oft verkannt und sind Gasfeuerstätten gebaut worden, die nur dann einwandfrei funktionierten, wenn sie an einen kräftig „ziehenden" Schornstein angeschlossen waren, die aber bei der geringsten Stockung des „Zuges" sofort versagten. Mehr wie alles andere ist dieser Fehler der Ausbreitung der Gas-

---

[1]) Diese so naheliegende Bedingung wurde früher, namentlich bei Öfen mit mehreren übereinanderliegenden Brennern, oft nicht erfüllt. Man konnte dann die oberen Brenner nicht zur richtigen Funktion bringen, wenn die unteren im Betriebe waren!

feuerung abträglich gewesen; in einzelnen Fällen hat er geradezu verhängnisvoll gewirkt.

Jeder Gasofen muß in sich selbst „Zug" genug haben, um auch ohne Anschluß an einen Schornstein unweigerlich und stetig ordnungsmäßig zu brennen. Dieser Bedingung ist leicht zu entsprechen. Es braucht nur der Verbrennungsraum hinreichend weit und hoch genug gemacht zu werden, um eine den sehr geringfügigen erforderlichen Auftrieb herstellende Säule heißer Abgase zu umschließen. Hinter diesem „vorgeschalteten Schornstein" können wagrecht verlaufende und selbst abwärtsgehende („fallende") Züge unbedenklich angeordnet werden, namentlich wenn in ihnen eine kräftige Ab-

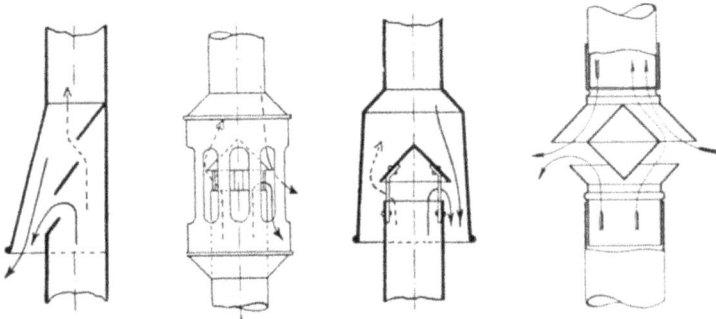

Fig. 31. Zugunterbrechungen.

kühlung der Abgase stattfindet und scharfe Knicke und plötzliche starke Querschnittsänderungen vermieden sind. Dagegen wäre es völlig verkehrt und der Natur des Brennstoffes stracks zuwider, einem Gasofen irgendwelcher Art unmittelbar über oder neben den Brennern wagrechte Feuerführungen zu geben, etwa nach dem Vorbilde von Feuerungen für Holz oder langflammig brennende Kohle.

Um jeden Einfluß von Stauungen oder Rückschlägen oder auch von zu scharfem Zug im Schornstein hintanzuhalten, ist es zweckmäßig und unter Umständen sogar notwendig, in das vom Gasofen nach dem Schornstein führende Rohr möglichst nahe am Ofen eine Unterbrechung mit ablenkenden Leitflächen (Abb. 31) einzubauen, damit die Abgase auch bei Stockung des Auftriebs im Schornstein ungehemmt aus dem Ofen austreten und selbst bei zeitweiliger Umkehr der Bewegung im Schornstein nicht in den Ofen zurückgetrieben werden können. Es gelangen dann allerdings kleine Abgasmengen vorübergehend in den Raum, worin der Ofen sich befindet; aber dies ist unbedenklich, jedenfalls unvergleichlich harmloser als die unvollkommene Verbrennung des Gases oder gar die Erstickung des Feuers, die durch Hemmung oder Umkehrung des Zuges im Ofen selbst verursacht würde.

Die Drosselklappe im Abzugsrohr, die bei Kohlenöfen infolge der strengen behördlichen Verfolgung allenthalben verschwunden ist, sollte auch hinter Gasöfen in der Regel nicht angebracht oder doch nur in besonderer Ausführungsform an bestimmten Apparaten, z. B. Gastrockenöfen, zu dem Zweck verwendet werden, bei Kleinstellung oder nach Abstellung der Brenner eine vorübergehende Stauung der heißen Verbrennungsgase im Ofenraum zu bewirken.

Weiterhin kommen für den Einbau von Gasbrennern noch folgende Regeln in Betracht:

a) Alle Gasbrenner in umschließenden Gehäusen (Heizöfen, Badeöfen, Bratöfen usw.) müssen zum Anzünden bequem zugänglich sein; auch soll man sie während des Betriebs ohne Schwierigkeiten beobachten können. Völlig verdeckt oder gar versteckt liegende Brenner sind stets vom Übel!

b) Auch die Brennerhähne sollen leicht zugänglich, aber doch gegen unabsichtliche Verstellung möglichst gesichert sein, was teils durch gut ausgesuchte örtliche Lage, teils auch durch entsprechende Gestaltung der Hahngriffe erreicht werden kann.

c) Bei Lang- und Rundbrennern mit zahlreichen einzelnen Brenneröffnungen ist deren Abstand voneinander so zu bemessen, daß beim Anzünden die Entflammung unverweilt und zuverlässig von der ersten bis zur letzten fortschreitet, auch bei nur halb geöffnetem Hahn.

d) Brenner mit leuchtenden Flammen sind so einzubauen, daß die Flammenmäntel und -spitzen niemals, auch nicht beim höchsten möglichen Gasverbrauch, an metallene oder sonstige Wände heranlecken, auch nicht mit Wasser oder andern Flüssigkeiten in unmittelbare Berührung kommen können, weil sie sonst rußen.

e) Entleuchtete Flammen können zwar — und müssen in den meisten Fällen — unmittelbar an Pfannen, Tiegel, Töpfe usw. herankommen; doch soll auch ihnen stets wenigstens so viel Abstand von den zu beheizenden Metallflächen gegeben werden, daß ihre grünen Flammenkerne sich eben noch frei entfalten können und nicht auf die wärmeaufnehmenden Flächen aufprallen. An den Mantelflächen der äußeren, blauen Flamme, nicht im grünen

Kern, herrscht die höchste Temperatur! Man erzielt also den höchsten Nutzeffekt, wenn die Flamme einen unbeeinträchtigten grünen Kern hat und nur mit ihrem blauen Mantel die Topfböden usw. beleckt.

f) Die Flammenlänge und Flammendicke ist bei Gasfeuer, namentlich bei entleuchteten Flammen, ziemlich eng begrenzt. Flammen von 12 bis 15 cm Länge und 4 bis 5 cm Dicke sind für einen Niederdruckbunsenbrenner schon reichlich groß und ergeben kaum noch eine vollkommene Verbrennung. Breite und lange Flächen, große Gefäße u. dgl. werden daher zweckmäßig nicht mit einem, sondern mit mehreren Brennern oder einem Brennerstern beheizt. Dabei ist darauf zu achten, daß jede einzelne Flamme stets Luft genug bekommt und nicht durch die Abgase benachbarter Flammen gestört wird. Dies ist bei Brennersternen mit gradlinigen oder leicht spiraligen Armen besser gesichert als bei konzentrischen Flammenringen oder parallelen Flammenreihen. Die gleichmäßige Beheizung großer, ebener Flächen auf hohe Temperatur, eine der schwierigsten Aufgaben für die Praxis der Gasfeuerung, wird voraussichtlich durch die Oberflächenverbrennung eine gute Lösung erfahren.

g) Im Hinblick auf das Verhältnis zwischen Heizwert und Preis des Gases ist es stets, namentlich aber da, wo der Betriebszweck hohe Wärmegrade bedingt, von Vorteil, den Verbrennungsraum mit schlechten Wärmeleitern zu umhüllen, z. B. mit Mänteln aus Asbest, Diatomit, Korkstein u. dgl. Man erreicht dadurch eine bedeutend raschere Erhitzung und mehr oder minder ansehnliche Gasersparnisse.

h) Bei Apparaten mit größerem Gasverbrauch und weitgetriebener Ausnutzung der Abgase (z. B. Flüssigkeitserhitzern) ist auf die Sammlung und Ableitung des Schwitzwassers Bedacht zu nehmen.

c) Abführung der Verbrennungsprodukte. ·

. Daß und wie man die Abgase von Gasheizbrennern stets und ungehemmt aus dem Verbrennungsraume (dem Ofen) austreten lassen muß, ist oben dargetan; dabei ist auch schon angedeutet, daß man sie in vielen Fällen auch aus dem größeren Raume, worin der Ofen aufgestellt ist, durch Anschluß an einen Schornstein ableiten muß. Für Räume, die zum dauernden Aufenthalt von Menschen dienen (Zimmer, Küchen, Badestuben, Werkstätten, Lagerräume usw.), kann als Regel gelten, daß Apparate, die für jedes Kubikmeter Luftinhalt des Aufstel-

lungsraumes mehr als etwa 60 Liter höchsten stünd-
lichen Gasverbrauch haben, an einen Schornstein angeschlossen oder mit einer anderen gutwirkenden Einrichtung zur Abführung der Abgase verbunden sein
müssen.

Die Ableitung der Abgase von solchen Apparaten nach dem
Schornstein soll in der Hauptsache, von ganz kurzen, wagrechten
Stutzen abgesehen, durch steigende, nicht durch liegende
Blechröhren bewirkt werden. Fallende Strecken sind in solchen
Verbindungen durchaus unzulässig. Wo eine Wagrechtführung auf
eine mäßig lange Strecke nicht umgangen werden kann, soll ihr
jedenfalls eine längere Aufwärtsführung vorgeschaltet werden.
Wo es aber möglich ist, mit dem Apparat selbst näher zum Schornstein heranzugehen, da sollte man diesem Weg unbedingt den
Vorzug geben. Handelt es sich z. B. um die Beschaffung von
Warmwasser für ein Badezimmer, so braucht man sich seit Erfindung der Heißwasserautomaten nicht mehr darauf zu versteifen,
einen Badeofen unmittelbar neben oder über der Wanne anzubringen
und seine Abgase in einem Blechrohr durch Wände und unter Decken
entlang nach einem entfernten Schornstein zu führen, sondern man
kann den Ofen nahe bei einem Schornstein, z. B. in der Küche,
anbringen und von da das warme Wasser nach der Badestube
leiten. In ähnlicher Weise kann man Räume wie Automobilhallen,
Gewächshäuser u. dgl. mittelbar durch Gas heizen, indem man
einen kleinen Warmwasser- oder Dampfkessel außerhalb des Raumes aufstellt und die Wärme im Wasser oder Dampf hinüber-
leitet.

Die Ableitung der Abgase braucht nicht immer bis übers
Dach hinaus zu erfolgen. Man kann sie vielmehr in zahlreichen
Fällen ohne jegliches Bedenken in einen (nicht bewohnbaren) Boden-
raum austreten lassen, der bei Ziegeldeckung auf Latten keine
besonderen Luken zu haben braucht, bei dichterer Deckung jedoch
einige stets offene „Ochsenaugen" oder ähnliche Licht- und Luft-
luken nach verschiedenen Seiten hin haben sollte. In Fabrikhallen
mit Dachreitern ist es zumeist ganz unbedenklich, die Abzugs-
röhren von Gasfeuerstätten nur gerade bis in die Dachreiter hineinzuführen. Vorhandene Schornsteinröhren, welche den Rauch aus
Feuerstätten für feste Brennstoffe abführen, können zur Aufnahme
der Abgase von Gasöfen benutzt werden, wenn Zugunterbrechungen
vorgeschaltet oder die Gasöfen selbst so ausgebildet sind, daß sie
von Schwankungen oder Stockungen des Schornsteinzuges unbeein-
flußt bleiben. In Neubauten sollte allerdings danach gestrebt wer-

den, daß jeder aufzustellende größere Gasheizapparat eine besondere, von sonstigen Schornsteinröhren unabhängige Abzugsvorrich-
tung erhält. Hierfür sind weite gemauerte Schornsteine minder
geeignet. Dagegen haben sich innen glasierte Tonröhren von
mäßigem Querschnitt vorzüglich bewährt, und es sollte bei Neubauten, namentlich solchen, die Zentralheizung bekommen sollen,
nie unterlassen werden, einige solcher Röhrenzüge an geeigneten
Stellen mit hochzuführen, um später Gasheizöfen, Badeöfen, Heißwasserautomaten u. dgl. ohne Schwierigkeiten aufstellen zu können.
Die Ableitung der Abgase durch eine Umfassungswand hindurch ins Freie ist zumeist nicht nur unschön, sondern auch
unzuverlässig. Sie wird jedoch sofort unbedenklich, wenn an derselben Wandseite auch einige ausreichend große Öffnungen für
Luftzutritt vorgesehen werden und wenn gar die Gasbrenner in
nach dem Raum hin dicht geschlossene, nur unten und oben mit
der Außenluft in Verbindung stehende Kammern eingebaut werden.

d) Aufstellung und Handhabung der Gasheiz-
apparate.

Für die Aufstellung und Benutzung von Gasheizapparaten gelten
außer den im vorstehenden Abschnitt besprochenen noch folgende
Regeln:

Der Standplatz aller, namentlich aber der größeren Apparate
soll so gewählt werden, daß sie gut zugänglich und sowohl bei
Tage wie bei künstlichem Licht ausreichend beleuchtet sind;
dies gilt in besonderem Grade von den der An- und Abstellung
und Regulierung des Feuers dienenden Teilen, den Hähnen. Diese
sollen stets bequem und mühelos erreichbar sein. Wenn in einzelnen
Fällen Apparate mit selbsttätiger An- und Abstellung der Hauptflamme (z. B. Heißwasserautomaten) in einem minder gut zugäng-
lichen Winkel oder hoch an einer Wand angebracht werden, so ist
in die zu ihnen führende Gasleitung an jederzeit bequem zugäng-
licher Stelle ein Absperrhahn einzubauen.

Wenn irgend möglich, sollten größere Gasheizapparate fest mit
der Gasleitung verbunden werden, nicht durch Schlauch.
Dem Wunsch oder der Notwendigkeit, einen Apparat zeitweilig
zur Seite schieben oder ganz fortstellen zu können, kann viel öfter,
als es geschieht, durch Gelenkverbindungen oder Verschrau-
bungen entsprochen werden. Wo der Schlauch tatsächlich unent-
behrlich ist, muß vor dessen Anschlußstelle an die feste Leitung
stets ein Absperrhahn angebracht sein und darf nur dieser zum
An- und Abstellen der Gaszufuhr zum Apparat benutzt werden.

Zur richtigen Handhabung aller Gasheizapparate ist in erster Linie eine ausreichende Kenntnis ihrer Konstruktion und ihrer Funktion sowie ein gewisses Vertrautsein mit den Eigenschaften des gasförmigen Brennstoffs und den bei seinem Gebrauch auftretenden Möglichkeiten erforderlich. Man muß wissen, daß das Gas nach dem Aufdrehen des Hahnes sofort ausströmt, daß es in Hohlräumen mit Luft zusammen explosible Mischungen bilden kann, daß deshalb entleuchtete Brenner unter Umständen „zurückschlagen", daß sie so nicht betrieben werden dürfen und daß ein sparsamer Gasverbrauch nur dann erzielt wird, wenn die Brenner rechtzeitig kleingestellt und nach getaner Arbeit sofort gelöscht werden. Man muß ferner darüber unterrichtet sein, wie sich Störungen an den Brennern zu erkennen geben und wie man sie beseitigt. Aus alledem ergeben sich folgende Regeln:

Schon vor dem Aufdrehen der Brennerhähne ist das Zündmittel bereitzuhalten, um das Anzünden unverzüglich bewirken zu können. Ist entgegen dieser Vorschrift ein Hahn zu einem in umschlossenem Raume befindlichen Brenner zu früh geöffnet gewesen, so muß dieser Hahn zunächst wieder zugedreht und das regelrechte Anzünden erst nach einer kleinen Weile bewirkt werden, wenn das etwa entstandene explosible Gemisch abgezogen ist. Hat der Apparat eine Türe, wie z. B. ein Gastrockenofen, so ist diese zu öffnen, damit das Gemisch schnell verdünnt und eine vielleicht doch noch auftretende Verpuffung völlig harmlos wird.

Schlägt ein Bunsenbrenner beim Anzünden oder während des Betriebs zurück, so ist sofort der Hahn zuzudrehen und erst nach einer kleinen Weile wieder zu öffnen und das Anzünden von neuem zu bewirken. Befindet sich der Bunsenbrenner in einem an einen Schornstein angeschlossenen Ofen, ohne durch eine „Unterbrechung" gegen Stockung des Zuges sicher zu sein, so schlägt er zuweilen, namentlich bei Sturmwetter, beim Anzünden wiederholt zurück. In diesem Falle bewirkt das Öffnen einer Türe oder eines Fensters des Raumes zumeist sofort das richtige Funktionieren.

Leuchtende Flammen müssen eine klare, deutlich begrenzte, helleuchtende Flammenscheibe über der nichtleuchtenden Flammenwurzel haben. Zeigen sie sich trüb, unruhig, länger als sonst, so ist entweder der Gasdruck zu groß und durch Drosseln des Brennerhahns zu verringern, oder es ist eine Rückwirkung vom Schornstein her vorhanden, die gewöhnlich durch Öffnen eines Fensters an der Windseite sofort beseitigt werden kann.

Entleuchtete Brenner müssen kurze, straffe, blaue Flammen mit scharf abgegrenztem, grünem oder blaugrünem Kern haben. Brennt die Flamme lang, rotviolett, rot oder gar mit leuchtender, gelber Spitze, so ist sie entweder zurückgeschlagen, oder der Brenner hat zu wenig primäre oder sekundäre Luft. Verringerung der Gaszufuhr (durch Drosseln des Hahns) oder Vermehrung des Luftzutritts beseitigen den Übelstand. Ist Verstaubung des Mischrohrs die Ursache schlechten Brennens, so muß eine Säuberung durch Ausblasen oder Auswischen erfolgen. Brennen nur einzelne Flammen eines Ring- oder Langbrenners schlecht, so sind deren Brenneröffnungen verstaubt oder verschmutzt und müssen gereinigt werden.

Überhaupt soll man alle Gasheizapparate reinlich und ordentlich instand halten und sie von Zeit zu Zeit durch einen Fachmann nachsehen lassen.

All diese Regeln und Ratschläge sind einfach und leicht zu erfüllen. Weite Kreise der Bevölkerung sind schon so mit ihnen vertraut, daß Verstöße dagegen trotz der so überaus rasch wachsenden Ausbreitung des Gasverbrauchs zu Heizzwecken erfreulicherweise immer seltener werden.

Von **demselben Verfasser** sind im gleichen Verlag früher folgende Werke erschienen:

Kein Haus ohne Gas!

Im Auftrage des Deutschen Vereins von Gas- und Wasser-fachmännern.

Bezugspreise:

Einzelpreis.... 20 Pfg.   100—499 Expl. à 16 Pfg.
50—99 Expl. à 18 Pfg.   500—999 Expl. à 15 Pfg.

1000 Expl. mit beliebigem Aufdruck auf dem Umschlag à 15 Pfg., jedes weitere unveränderte 1000 Expl. und mehr 13 Pfg. pro Exempl.

Das Gas im bürgerlichen Hause.

40 Seiten mit 18 Abbildungen.

Bezugspreise:

Einzelpreis.... 50 Pfg.   100—499 Expl. à 40 Pfg.
50—99 Expl. à 45 Pfg.   500—999 Expl. à 35 Pfg.
1000 Expl. und mehr 30 Pfg. pro Exemplar.

Die angebliche Gefährlichkeit des Leuchtgases im Lichte statistischer Tatsachen.

52 Seiten mit 8 Abbildungen.

Bezugspreise:

Einzelpreis.... 60 Pfg.   100—499 Expl. à 45 Pfg.
50—99 Expl. à 55 Pfg.   500—999 Expl. à 40 Pfg.
1000 Expl. und mehr 30 Pfg. pro Exemplar.

Mittelbare Gasheizung.

(Sonderabdruck aus dem „Gesundheits-Ingenieur".)

20 Seiten 8^0 mit 7 Abbildungen.

Bezugspreise:

Einzelpreis.... 50 Pfg.   100—499 Expl. à 35 Pfg.
50—99 Expl. à 40 Pfg.   500—999 Expl. à 30 Pfg.
1000 Expl. und mehr 25 Pfg. pro Exemplar.